과락 방지용
필수 영양집

합격을 결정하는
핵심 5과목

2022 영양사 마무리문제집 1교시+2교시

목차

PART 01	영양학 및 생화학	2
PART 02	생애주기 영양학	19
PART 03	급식관리	23
PART 04	식품위생	35
PART 05	식품위생법규	46

PART 01 | 영양학 및 생화학

CHAPTER 01 | 영양학 기초

1. 한국인 영양소 섭취 기준
① 평균필요량
  ㉠ 1일 영양 필요량 분포치의 중앙값
  ㉡ 인구집단의 절반에 해당하는 사람들의 1일 영양 필요량을 충족시키는 값
② 권장섭취량 : 인구집단의 97.5%의 영양 필요량을 충족시키는 값
③ 충분섭취량 : 평균필요량에 대한 자료 부족 및 권장섭취량을 정할 수 없는 경우에 제시하기 위한 값
④ 상한섭취량
  ㉠ 과량 섭취 시 건강에 악영향이 있다는 자료가 있는 경우
  ㉡ 유해영향이 나타나지 않는 최대 영양소 섭취 기준

2. 한국인 영양 섭취 실태
① 지방과 당, 나트륨 등 일부 영양소의 과잉 섭취에 따른 고혈압, 당뇨, 비만 등 만성 질환 유발
② 국민 1인당 하루 지방 섭취량 증가
③ 가공식품으로 섭취하는 당류 증가
④ 세계보건기구 권장량 2배 이상의 나트륨 섭취
⑤ 영양소 과잉 섭취에 따른 불균형

3. 영양 밀도
영양소가 많을수록, 칼로리가 적을수록 영양 밀도 높음

4. 세포의 구조와 기능
① 세포막 : 세포외액과 세포내액의 구분, 세포 내 환경 일정하게 유지, 세포 내외 물질 이동
② 사립체
  ㉠ 내막 : 호흡 효소계, ATP 생산
  ㉡ 기질 : 물질대사 관여
③ 소포체
④ 골지체

⑤ 리소좀
⑥ 과산화소체
⑦ 리보솜 : 세포 단백질 합성
⑧ 핵

5. 세포막을 통한 물질의 이동
① 수동수송(passive transport)
  ㉠ 단순확산 : 농도가 높은 곳에서 낮은 곳으로 용질 이동
  ㉡ 촉진확산 : 농도가 높은 곳에서 낮은 곳으로, 운반체 필요
  ㉢ 삼투 : 용질 농도가 낮은 곳에서 높은 곳으로, 용매 이동
  ㉣ 여과 : 분자의 크기가 작은 것만 이동
② 능동수송 : 농도차 역행, 운반체 필요, 나트륨 칼륨 교환 펌프

 수동수송의 구분
- 단순확산 · 삼투 · 여과 : 에너지 및 운반체 필요 없음
- 촉진확산 : 운반체 필요, 에너지 필요 없음

6. 세포의 성장
① 증식기 : 세포수 증가
② 증식비대기 : 세포수, 크기 증가
③ 비대기 : 세포 크기 증대
④ 성숙기 : 세포 성장 정지 및 기능 통합

7. 9가지 의무표시 영양소
열량, 탄수화물, 당류, 단백질, 지방, 포화지방, 트랜스지방, 콜레스테롤, 나트륨

CHAPTER 02 | 탄수화물

1. 탄수화물의 체내 기능
① 에너지 공급. 1g당 4kcal의 열량을 공급
② 단백질 절약 작용
③ 케톤증 예방 : 50~100g의 탄수화물 섭취
④ 단맛 제공(설탕 감미도 100, 과당 170, 포도당 74, 맥아당 33, 유당 16)

2. 탄수화물 소화·흡수
(1) 소화

소화기관	소화효소	작용	분해 산물
구강	타액 아밀라제	전분 α-1, 4 결합 분해	덱스트린(대부분) 맥아당(소량)
위	아밀라제 없음	산에 의해 타액아밀라제 작용 중지	유미즙
십이지장	세크레틴	알칼리성의 췌장액 분비 촉진	유미즙 중화
췌장	췌장아밀라제	전분 α-1, 4 결합 분해	맥아당, 이소맥아당
소장 점막	수크라아제	서당	포도당, 과당
	락타아제	유당	포도당, 갈락토오스
	말타아제	맥아당 α-1, 4 결합	포도당, 포도당
	이소말타아제	이소맥아당 α-1, 6 결합	포도당, 포도당
대장	식이섬유는 대장에서 일부 박테리아에 의해 분해		

② 흡수와 운반
 ㉠ 흡수 : 능동수송(포도당, 갈락토스), 촉진확산(과당)
 ㉡ 운반 : 모세혈관 → 문맥 → 간

3. 탄수화물 관련 질병
① 당뇨병 : 혈당 170mg/dL 이상
② 유당불내증
③ 게실증 : 식이섬유 섭취 부족, 대장 내 압력 증가
④ 충치 : 당이 산을 생성, 에나멜층 용해
⑤ 고지혈증 : 혈중 중성지방의 농도 증가

4. 탄수화물의 섭취 기준·급원
① 섭취 기준 : 1세 이후 55~65%
② 식이섬유 : 남자 30g, 여자 20g, 빈열량 식품으로 단순당 외 다른 영양소 없음
 ※ 식이섬유 : β-1.4 결합

③ 불용성 섬유소 : 셀룰로오스, 헤미셀룰로오스, 리그닌
  ㉠ 배변량 증가, 대장 통과 시간 감소
  ㉡ 대장암 예방에 효과
④ 수용성 섬유소 : 펙틴, 검, 알긴산 – 사과, 오렌지, 귤, 해조류
  ㉠ 젤(gel) 형성, 짧은 사슬 지방산 및 가스 생성
  ㉡ 포만감

5. 혈당 조절
① 성인 공복혈당 : 70~100mg/dL(식후 140mg/L)
② 식후 : 인슐린 분비 후 남은 혈당 · 근육 글리코겐 저장
③ 공복 : 췌장 글루카곤, 당질코르티코이드, 에피네프린, 갑상선호르몬, 성장호르몬 분비
  → 간 글리코겐 분해, 포도당 신생 촉진
④ 장애
  ㉠ 혈당 170mg/dL : 당뇨병
  ㉡ 혈당 40~50mg/dL : 포도당 공급 정지
  ㉢ 기능장애 : 저혈당증
⑤ 혈당 조절 호르몬
  ㉠ 저하 : 인슐린
  ㉡ 상승 : 글루카곤, 에피네프린, 갑상선호르몬, 글루코코티코이드, 성장호르몬

6. 탄수화물 대사
(1) 해당과정
① 단당류의 대사과정
② 혐기적 에너지 생성과정, 기질 수준의 인산화 과정
③ 젖산에 의한 산혈증(lactic acidosis) 유발
④ 포도당 → 피부르산 2분자 → ATP 2분자, NADH 2분자
⑥ 산소 유무에 따른 산물 경로
  ㉠ 호기적 경로 : pyruvate, 2 NADH는 미토콘드리아로 이동하며 2 ATP는 사용
  ㉡ 혐기적 경로 : 2 ATP는 사용되지만 Pyruvate와 2 NADH가 남아 2 NADH의 수소를 pyruvate로 주고 2 NAD^+는 밖으로 나오고 pyruvate는 알코올 혹은 젖산을 생성함

(2) TCA 회로
① 해당과정의 결과로 생성된 세포질 내의 피루브산은 미토콘드리아로 이동되어 아세틸 CoA를 형성
② 아세틸 CoA는 옥살로아세트산과 결합하여 시트르산을 생성

(3) 전자전달계
1 glucose는 세포질 내의 해당과정과 미토콘드리아의 TCA 회로 및 전자전달계를 거치면서 총 30 또는 32 ATP 생성

(4) 오탄당인산회로
포도당은 해당과정 외 세포질 효소에 의해 촉매화되는 오탄당인산회로를 통해 대사되기도 함

(5) 포도당 신생합성
① 당 이외의 물질인 아미노산, 글리세롤, 피루브산, 젖산 등을 이용하여 포도당이 합성되는 것
② 코리회로(cori cycle) : 근육에서 생성된 젖산을 간으로 운반함으로써 피루브산이 되어 포도당을 생성토록 하는 회로망
③ 포도당-알라닌회로(glucose-alanine cycle)
  ㉠ 근육에서 아미노산 분해로 생성된 암모니아를 알라닌 형태로 간으로 운반하여 암모니아를 분해하고 피루브산을 거쳐 다시 포도당을 생성토록 하는 회로
  ㉡ 간에서 암모니아는 요소로 합성되어 요소가 소변으로 배설될 수 있게 함

(6) 글리코겐 대사
① 글리코겐 합성 : 여분의 포도당은 간 또는 근육에서 글리코겐의 형태로 저장, 인슐린으로 활성화
② 글리코겐 분해 : 글리코겐이 포도당으로 분해, 글루카곤 · 에피네프린 합성 억제

CHAPTER 03 | 지질

1. 기능
(1) 중성지방
① 고효율 급원, 1g당 9kgal의 열량 공급
② 지용성 비타민의 흡수 · 운반을 도움
③ 필수지방산 공급
④ 맛 · 향미 · 포만감 제공
⑤ 체온 유지, 생체기관 보호

(2) 인지질
세포막 주요 성분, 유화 작용(양친매성)

(3) 콜레스테롤
① 세포막의 구성 성분

② 담즙산 합성
③ 스테로이드 호르몬 합성
④ 비타민 D 전구체 합성

(4) 필수지방산
① 리놀레산(오메가 - 6), 아라키돈산, d - 리놀렌산(오메가 - 3)
② 피부병 예방
③ 세포막의 구조적 완전성 유지
④ 두뇌 발달 및 시각 기능 유지(DHA)
⑤ 아이코사노이드 전구체(EPA, 아라키돈산으로부터 합성)
⑥ 혈중 콜레스테롤 저하

2. 지질의 소화 · 흡수
(1) 소화
① 구강 · 위 : 리파아제(유즙 분해)
② 소장 : 세크레틴 분비 → 췌장을 자극하여 알칼리 분비 촉진
  ㉠ 짧은 사슬 지방 : 담즙의 도움 없이 분해
  ㉡ 긴 사슬 지방 : 콜레시스토키닌 분비, 담즙 분비 촉진, 모노글리세리드 2개와 유리형 지방산으로 분해
  ㉢ 인지질, 콜레스테롤 : 소화가 완료된 지방분해산물, 글리세롤 · 지방산 · 리소인지질 등은 담즙과 함께 복합 마이셀을 형성
  ㉣ 담즙 : 지방의 유화를 도움 → 간에서 합성한 후 담낭에 저장, 지질 섭취 시 콜레시스토키닌 자극으로 소장으로 분비한 후 담즙산염 형태로 운반(주성분 : 빌리루빈)

(2) 흡수 및 운반
① 지방산 길이에 따라 경로가 다름
② 짧은 사슬 지방산 : 모세혈관 문맥 간(저장 ×)
③ 긴 사슬, 인지질, 콜레스테롤
  ㉠ 중성 지방&콜레스테롤 에스테르 소수성
  ㉡ 지단백질 형태의 킬로미크론 형성
  ㉢ 림프관 · 흉관을 지나 대정맥 통해 혈류에 합류
④ 담즙의 흡수 : 회장에서 흡수 → 문맥 → 간

3. 지질의 운반
① 지단백질의 형태로 혈액을 따라 운반
② 중성 지방 함량 상승 → 밀도 저하, 아포단백질 상승 → 밀도 저하
③ 킬로미크론 : 중성지방을 소장 근육 · 지방조직으로 운반

4. 섭취 기준 · 급원 식품

① 지방
  ㉠ 1~2세 : 20~35%
  ㉡ 3~18세 : 15~30%
  ㉢ 19세 이상 : 15~30%
② 다중불포화지방산(식물성유) : 단일 불포화지방산(올리브유) : 포화지방산(동물성유) = 1 : 1.5 : 1
③ 포화지방산 : 7% 이하
④ 트랜스지방산 : 1% 이하(세포막에 트랜스지방산 포함 시, 세포막유동성, 수용체 · 최소 작용 억제)
⑤ 오메가-6/오메가-3 지방산
  ㉠ 오메가-6 : 4~10%, 오메가-3 : 1% 내외
  ㉡ 리놀렌산(들기름), EPA · DHA(등푸른 생선 · 생선유) : 오메가-3
  ㉢ 리놀레산(참기름, 옥수수유, 면실유, 콩기름) : 오메가-6
⑤ 콜레스테롤
  ㉠ 하루 300mg 이하
  ㉡ 동물성 식품, 육류 내장, 달걀, 오징어, 새우

5. 지질 섭취 관련 질병

① 심혈관계 질환 : 동맥경화, 이상지질혈증(혈중 중성지방 · 콜레스테롤 비정상 증가)
② 암 : 오메가-3 섭취는 암 발생을 억제하는 반면, 오메가-6 과다 시에는 암 발생 증가
③ 다가불포화지방산의 과산화 : PUFA 섭취 증가 → 비타민 E 요구량 증가
④ 지방간
  ㉠ 간 조직에 중성지방이 축적됨
  ㉡ 항지방간 인자 : 결핍 시 지방간 유도
    예 콜린, 메티오닌, 메테인, 필수지방산, 비타민 B군

6. 지질 대사

① 지방산
  ㉠ β-산화 : 세포질의 지방산 아세틸 CoA로 활성화
  ㉡ 아세틸 CoA 탈수소반응 → 2 아세틸 CoA, $FADH_2$ + NADH + 5 ATP → 아세틸 CoA 산화 반응 → 옥살로아세트산(포도당 분해 산물)과 결합 → 산화 종결
② 콜레스테롤
  ㉠ 세포막, 스테로이드 호르몬, 비타민 D의 합성, 담즙산의 전구 물질 및 유리 형태로 담즙에 분비
  ㉡ 합성 : 아세틸 CoA → HMG-CoA → 메발론산 → 스쿠알렌 → 라노스테롤 → 콜레스테롤 → 담즙산

ⓒ 분해 : 담즙산의 성분, 비타민 D, 성호르몬, 부신피질호르몬 등으로 전환
③ 케톤체 : 아세토아세테이트, 아세톤, β-히드록시부티르산 등의 대사산물
※ 케톤증 : 장기간 공복, 기아 상태는 축적 지방이 산화되어 에너지를 공급하므로 케톤체의 대사 속도에 이상이 생기면서 발생

CHAPTER 04 | 단백질

1. 기능
① 체조직 성장·유지
② 효소·호르몬·항체 형성 : 인슐린·글루카곤(단백질)/티록신·아드레날린 → 티로신으로부터 합성
③ 혈장 단백질 합성 : 간에서 혈장 알부민(레티놀 : 지방산 운반), α-글로불린(구리 운반), β-글로불린(철), γ-글로불린(항체), 피브리노겐(혈액응고) 합성
④ 삼투압 조절 : 혈중 알부민
⑤ 산-염기 평형 조절 : 완충제 역할
⑥ 포도당 신생과 에너지 공급 : 당질·지방보다 효율은 낮음

2. 단백질 평가
(1) 제한아미노산과 단백질의 상호 보완 효과
① 제한아미노산 : 식품 중 함량이 체내 요구량에 비해 적은 것
② 제1제한아미노산 : 식품 중 가장 적게 함유되어 있는 아미노산

(2) 질평가
① 생물학적 방법
  ㉠ 단백질 효율 : 성장하는 동물의 체중 증가량/단백질 섭취량
  ㉡ 생물가 : 흡수된 질소의 체내 보유 정도(보유 질소량/흡수 질소량×100)
  ㉢ 단백질 실이용률 : 흡수된 질소의 체내 보유 정도와 생물가의 소화흡수율 고려(생물가×소화흡수율)
② 화학적 방법
  ㉠ 단백가 : 식품 중 가장 부족한 아미노산 양/표준 구성의 아미노산 양×100
  ㉡ 아미노산가 : 식품 단백질의 제1제한 아미노산 함량/WHO가 제정한 단백질 필요량 ×100

(3) 분류
① 완전단백질 : 모든 필수아미노산 함유, 체중·성장 증가(우유-카제인, 락트알부민/달걀-오브알부민/대두-글리시닌)

② 부분적 불완전단백질 : 체중 유지(밀 - 글리아딘/보리 - 호르데인/귀리 - 프롤라민)
③ 불완전단백질 : 성장 및 체중 저하(젤라틴, 옥수수 - 제인)

3. 소화 · 흡수
① 소화
  ㉠ 위
  - 가스트린 분비 → 펩시노겐 분비 촉진 → 위액 염산에 의해 펩신으로 전환 → 단백질 가수분해
  - 영유아 레닌 : 유즙을 응고시켜 펩신작용 속도 저하
  ㉡ 소장 : 펩톤 등장 → 세크레틴과 콜레시스토키닌 분비 → 췌액 · 담즙 분비 → 트립시노겐 → 트립신(엔테로키나아제) → 키모트립시노겐 → 키모트립신/프로카르복시펩티다아제 → 카르복시펩티다아제
② 흡수운반 : 단순확산 · 능동수송/모세혈관 → 문맥 → 간

4. 섭취 기준 · 급원
① 권장섭취량 : 남 65g, 여 55g
② 급원 식품 : 동물성 식품

5. 섭취 관련 질병
① 결핍
  ㉠ 콰시오커 : 아프리카, 남아메리카, 아시아, 서인도 제도 등에서 이유기 또는 그 직후의 아이들에게 흔히 나타나는 극심한 단백질 결핍증
  ㉡ 마라스무스 : 아프리카 지역 등에서 식량 부족으로 이유기와 유아기에 열량과 단백질이 극도로 결핍된 상태
② 과잉 : 체중 증가, 체내 칼슘 손실
③ 유전적 아미노산 대사 이상
  ㉠ 페닐케톤뇨증 (PKU) : 색소 결손, 저능
  ㉡ 알비니즘 : 흰 머리카락, 분홍색 피부
  ㉢ 단풍당밀뇨증 : 경련, 구토
  ㉣ 호모시스틴뇨증 : 조기 동맥경화

6. 단백질 대사
① 동적 평형 : 단백질의 합성과 분해가 지속적으로 일어나며 섭취, 배설 양이 같은 상태
② 아미노산 풀(amino acid pool) : 식이섭취와 단백질 분해 등으로 세포 내에 유입되는 아미노산의 양
  ㉠ 분해 : 부족 시 아미노산으로 분해
  ㉡ 합성 : 과잉 시 에너지, 포도당, 지방 생성에 사용
③ 단백질 합성 : 리보솜에서 아미노산 풀에 따라 아미노산의 펩티드 결합을 형성

④ 탈아미노 반응 : 아미노산을 α-케토산, 암모니아로 분해하는 과정, 글루탐산 탈수소효소, 보조효소로 NAD$^+$(NADP$^+$) 필요
⑤ 아미노기 전이반응 : α-케토산으로 새로운 아미노산을 형성하는 과정, 아미노기 전이효소, 보조효소 피리독살인산(PLP) 필요
⑥ 포도당 생성
⑦ 지방산 및 케톤체
⑧ 탈탄산반응
⑨ 요소회로 : 탈아미노반응 결과 떨어져 나온 질소는 암모니아를 알라닌(아르기닌) 형태로 전환하여 문맥순환 이후 가수분해하여 요소, 오르니틴으로 분해
⑩ 크레아틴 : 신장에서 아르기닌, 글리신, 메티오닌 등에 의해 합성

CHAPTER 05 | 에너지

1. 기초대사량에 영향을 주는 요소

증가 요인	저하 요인
• 골격근 증가 • 성 : 남자 • 갑상선기능 항진 • 임신 • 사춘기 • 극단적인 환경 온도 • 흡연	• 지방조직 증가 • 성 : 여자 • 갑상선기능 저하 • 수면 • 노령 • 영양 불량

2. 식사 열발생

식이성 발열 효과

3. 에너지 필요량 추정 공식

성인 남자	• 662-9.53×연령(세)+PA(15.91×체중(kg)+539.6×신장(m)) • PA=1.0(비활동적), 1.11(저활동적), 1.25(활동적), 1.48(매우 활동적)
성인 여자	• 354-6.91×연령(세)+PA(9.36×체중(kg)+726×신장(m)) • PA=1.0(비활동적), 1.12(저활동적), 1.27(활동적), 1.45(매우 활동적)

※ PAL : 신체 활동 수준, 사람의 1일 총 에너지 소비량을 기초대사량(휴식대사량)으로 나눈 값
  PA* : 신체 활동 단계별 계수, 신체 활동 수준을 활동단계의 4단계로 분류하고 수치화한 값

4. 알코올 대사

```
        알코올 탈수소효소        알데히드 탈수소효소
알코올  ─────────▶  아세트알데히드  ─────────▶  아세트산  ─────────▶  아세틸 CoA
```

※ 대사과정의 조효소가 알코올 대사에 이용 → 포도당신생과정 저해(저혈당), TCA 회로 차단으로 케톤체 증가(케토시스), 생성된 젖산의 배설은 요산배설을 저해(고요산혈증, 통풍)

CHAPTER 06 | 비타민

1. 비타민의 종류 및 화학명

(1) 지용성 비타민

종류	화학명
비타민 A	레티놀(retinol)
비타민 D	콜레칼시페롤(cholecalciferol)
비타민 E	토코페롤(tocopherol)
비타민 K	필로퀴논(phylloquinone)

(2) 수용성 비타민

종류	화학명
비타민 C	아스코르브산(ascorbic acid)
비타민 B_1	티아민(thiamin)
비타민 B_2	리보플라빈(riboflavin)
비타민 B_6	피리독신(pyridoxine)
비타민 B_{12}	코발라민(cobalamin)
니아신(niacin)	니코틴산(nicotinic acid)
엽산(folic acid)	폴라신(folacin)
판토텐산	판토텐산(pantothenic acid)
콜린(choline)	콜린(choline)

2. 비타민의 구분

구분	지용성 비타민	수용성 비타민
흡수	림프로 먼저 들어간 후 혈류로 흡수	혈류로 직접 흡수
운반	운반 단백질 필요	혈액 내에서 자유로이 수송
저장	지방세포에 축적	체액에서 자유로이 순환

결핍증	서서히 발생	쉽게 발생
배설	쉽게 배설되지 않음	과잉 섭취 시 소변으로 배설
독성	비타민 보충제로 과잉 섭취 시 독성 수준에 도달할 가능성이 큼	과잉 섭취해도 독성 수준에 도달하기 어려움
필요량	주기적인 섭취 필요	소량씩 자주 섭취 필요

3. 지용성 비타민
(1) 비타민 A(레티놀)
① 종류
  ㉠ 동물성 : 레티놀, 레티날(시력 유지 관여), 레티닐에스테르
  ㉡ 식물성 : β-카로틴, α-카로틴, γ-카로틴, 크립토잔틴
② 기능
  ㉠ 시각회로 유지(로돕신)
  ㉡ 상피세포 분화
  ㉢ 골격 이상 · 성장 지연 방지
  ㉣ 항산화제 · 항암작용(β-카로틴)

레티노산, 카로티노이드
- 레티노산 : 성장 · 면역
- 카로티노이드 : 항암 · 항산화

③ **결핍증**: 야맹증, 각질화, 안구건조증, 각막연화증, 실명, 모낭각화증
④ **과잉증** : 카로티노이드 과량 섭취 시 β-카로틴혈증(피부가 노란색으로 착색)

(2) 비타민 D(칼시페롤)
① 종류
  ㉠ 비타민 D_2(에르고칼시페롤) : 효모 · 버섯
  ㉡ 비타민 D_3(콜레칼시페롤) : 생선 간유
② 기능 : 칼슘 · 인 흡수(소장), 재흡수(신장)
③ **결핍증**: 구루병, 골연화증, 근육경련
④ **과잉증** : 탈모, 연조직 석회화, 고칼슘혈증

비타민 D
- 65세 이상의 비타민 D 충분섭취량 : 15μg
- 비타민 D의 활성형(부갑상선이 관여) : 혈장 칼슘 농도 증가 → 신장 칼슘 배설 감소

(3) 비타민 E(토코페롤)

① 종류
  ㉠ α, β, γ, δ-토코페롤, 토코트리엔올
  ㉡ α-토코페롤 : 천연에 가장 풍부, 생리 활성 높음(견과류에 풍부)
② 기능 : 항산화 기능
③ 결핍증 : 용혈성 빈혈, 신경 장애

(4) 비타민 K

① 종류 : 비타민 K_1(식물성), 비타민 K_2(동물성)
② 기능 : 혈액 응고, 뼈의 석회화, 뼈 대사(오스테오칼신 : 골격형성 관여)
③ 결핍증 : 신생아 및 항생제 장기복용자의 혈액 응고 시간 지연

> **비타민 K**
> • 항생제 약물복용으로 결합 가능
> • 푸른 잎채소 · 간에 풍부

4. 수용성 비타민

(1) 비타민 C(아스코르브산)

① $Fe^{2+} \rightarrow Fe^+$ 환원
② 기능 : 항산화 작용, 콜라겐 합성, 철, 칼슘 흡수 촉진, 카르시틴 합성, 신경전달물질 합성
③ 결핍증 : 괴혈병
④ 남녀 영양 섭취 기준 동일

(2) 티아민(비타민 B_1)

① 황 함유, 조효소는 TPP
② 기능 : TPP 탈탄산효소의 조효소, 케톡기전이효소의 조효소, 피루브산 CoA 전환 반응에 관여
③ 결핍증 : 건성각기(신경계), 습성각기(심장계), 베르니케 코르사코프(알콜건망증후군)
④ 돼지 · 효모 · 두류 등에 함유

(3) 리보플라빈(비타민 B_2)

① 조효소 : FMN, FAD 구성
② 기능 : 산화 환원 반응에 관여하는 탈수소효소, 산화효소, 환원효소의 조효소, 니아신 합성에 관여
② 결핍증 : 구순구각염, 설염, 조직 손상, 빛 과민증, 피부염
② 우유 치즈 등에 함유

(4) 니아신

① 조효소 : NAD, NADP 구성
② 트립토판 60mg → 니아신 1mg (리보플라빈, 비타민 B_6 필요)
③ 기능 : 에너지 대사과정에서 탈수소효소의 조효소 (NAD), 지방산・스테로이드 합성에 관여
④ 결핍증 : 펠라그라, 4Ds (치매, 설사, 피부염, 사망)
⑤ 과잉증 : 니아신 홍조

> **TIP 니아신 권장섭취량**
> - 남자 : 16mgNE
> - 여자 : 14mgNE
> - 임신 시 : +4mgNE
> - 수유 시 : +3mgNE

(5) 비타민 B_6

① 종류 : 피리독신, 피리독살, 피리독시인
② PMS 완화 단백질 : 섭취량이 많아지면 요구량도 많아짐
③ 조효소 : PLP, PNP
④ 기능 : 비필수아미노산 합성, 신경전달물질의 합성, 포도당 신생, 적혈구 합성, 니아신 합성
⑤ 결핍증: 피부염, 구각염, 설명, 소혈구성 빈혈

(6) 엽산

① 조효소 : THF (테트라하이드로 엽산)
② 기능 : 단일 탄소의 운반체(THF), 호모시스테인의 축적 방지
③ 결핍증 : 거대적아구성 빈혈(DNA 염기합성 불가), 태아 신경관 손상
④ 간・내장육・엽채류 등에 함유

(7) 비타민 B_{12} (코발아민)

① 기능 : 세포 성장・분열에 관여, 항동맥경화성 인자, 신경세포의 기능 유지
② 결핍증 : 악성 빈혈
② 동물성 식품에 함유

(8) 판토텐산

① CoA의 성분
② 기능 : 지방산 산화에 관여, 에너지 생성, 아세틸 운반단백질의 구성성분

(9) 비오틴

① 황 함유 비타민
② 비오틴, 비오시틴 : 장내 박테리아에 의해 합성

③ 기능 : 탈탄산 반응에 관여하는 조효소, 카르복실화 반응, 탈탄산반응, 아미노산 분해
③ 결핍증 : 피부발진, 습진
④ 아비딘: 비오틴 작용 방해 (생산난에 함유)

CHAPTER 07 | 무기질

1. 다량 무기질

전해질	주요 작용	영양소 섭취 기준	결핍증	과잉증	급원 식품
칼슘	• 골격 구성 • 근육 수축 · 이완 • 신경 흥분 전달 • 세포막 투과성 조절 • 혈액 응고	• 평균필요량(19~29세) : 남 650mg, 여 530mg • 권장섭취량(19~49세) : 남 800mg, 여 700mg	• 구루병 • 골연화증 • 골다공증	• 고칼슘혈증 • 신장결석 • 우 유 - 알칼리 증후군	우유 및 유제품, 뼈째 먹는 생선, 두부, 해조류
인	• 골격 구성 • 산 · 염기 평형 조절 • 핵산 구성성분 효소 활성화	• 평균필요량(19~29세) : 남 · 여 580mg • 권장섭취량(19~29세) : 남 · 여 700mg	• 저인산혈증 • 근육 약화 및 통증	• 고 인 산 혈 증류 • 저칼슘혈증	어육류, 난곡류, 유제품, 탄산음료.
마그네슘	• 골격 구성 • 효소의 필수인자 • 신경 · 근육기능 유지	권장섭취량(19~49세) : 남 350mg, 여 280mg	• 심부전 • 허약 • 근육통	• 구역질 • 구토 • 설사 • 호흡 둔화	푸른잎 채소, 견과류, 두류, 전곡류
황	• 아미노산과 비타민으로 구성 • 산 · 염기 평형 조절 • 해독 작용	-	성장 지연	거의 없음	단백질 식품
나트륨	• 세포외액의 주요 양이온 • 수분 평형 조절 • 산 · 염기 평형 조절 • 신경자극 전달 • 포도당 흡수	• 최소필요량 : 500mg • 충분섭취량 : 1.5g • 목표량 : 2g 이하	• 식욕 부진 • 근육경련 • 무기력	• 고혈압 • 고칼슘뇨증	식탁염, 장류, 가공식품, 김치, 젓갈, 장아찌
염소	• 세포외액의 주요 음이온 • 위산 생성 • 신경자극 전달 • 수분 평형 조절	• 최소필요량 : 700mg • 충분섭취량 : 2.3g	• 근육경련 • 성장 지연 • 식욕 부진	고혈압	식염, 일부 채소, 가공식품

전해질	주요 작용	영양소 섭취 기준	결핍증	과잉증	급원 식품
칼륨	• 세포내액의 주요 양이온 • 수분 평형 조절 • 산·염기 평형 조절 • 신경자극 전달 • 글리코겐 합성	• 최소 필요량 : 2g • 충분섭취량 : 4.7g	• 식욕 부진 • 근육약화 • 마비 • 부정맥	• 근육 약화 • 부정맥 • 호흡곤란 • 심장마비	채소 및 과일류, 우유, 두류, 육류, 전곡류

2. 미량 무기질

전해질	주요 작용	영양소 섭취 기준	결핍증	과잉증	급원 식품
철	• 헤모글로빈·미오글로빈 성분 • 골수에서 조혈 작용을 도움 • 효소 구성성분의 면역 기능 유지	• 남자(19~49세) : 10mg • 여자(19~49세) : 14mg	• 체내 철 함량 감소 • 철 결핍성 빈혈(피부 창백·피로 허약·호흡곤란·식욕부진, 어린이 성장장애)	혈색소증(심장·췌장 등에 철이 축적되며 심부전·당뇨병 등 유발 가능)	육류(쇠간)어패류, 가금류, 콩류, 시리얼, 녹색 채소
아연	• 100여 개 효소의 구성요소 • 성장·면역·생체막 구조와 기능의 정상 유지 • 핵산 합성	• 남자(19~49세) : 10mg • 여자(19~49세) : 8mg	• 성장 지연 • 왜소증 • 상처 회복 지연 • 식욕 부진 • 미각·후각 감퇴 • 피부염	• 철 구리 흡수 저하 • 면역 기능 억제	패류(굴·게 등), 육류, 우유, 요구르트
구리	• 철의 흡수 이용을 도움 • 결합조직의 건강에 기여 • 금속계 효소의 성분	남·여(성인) : 800μg	• 빈혈 • 뼈의 손실 • 성장 장애 • 심장질환	• 복통·오심·구토, 혼수 • 간질환(윌슨병)	육류(간·내장), 패류(굴, 가재), 배아
요오드	갑상선호르몬의 성분 및 합성	남·여(성인) : 150μg	• 갑상선기능 저하증(권태감·기초대사율 저하·추위에 민감 등) • 갑상선 종 • 크레틴병(성장 장애)		해조류(미역·김 등), 해산물, 요오드 강화 식염
불소	• 충치 예방 및 억제 • 골다공증 방지	충분섭취량(성인) : 3.0~3.5mg	• 충치 유발 • 골다공증	• 불소증 • 위장장애	해조류, 어류, 자연수

셀레늄	• 글루타티온 과산화 효소의 성분 • 항산화 작용(비타민 E 절약)	성인 : 60μg	• 근육 약화 • 성장 장애 • 심근 장애 • 심장기능 저하	• 구토, 설사 • 피부 손상 • 신경계 손상	새우, 패류, 어류, 견과류
망간	• 금속 효소의 구성 요소 • 효소의 활성화	충분섭취량(성인) : 3.5~4.0mg	• 동물의 경우 성장 장애 및 생식 장애 • 지질 및 당질 대사 이상	• 신경근육계 이상 • 정신장애	채소, 곡류, 콩류
크롬	당내인성인자의 성분으로 인슐린 작용 및 당질 대사에 관여	충분섭취량(성인) : 25~35μg	• 성장 지연 • 콜레스테롤 • 지질 대사 이상	산업체에서 크롬에 과다 노출 시 피부염·기관지 종양 발생	육류, 전곡

PART 02 | 생애주기영양학

CHAPTER 01 | 임신기 · 수유기 영양

1. **임신주기와 호르몬**
   ① 에스트로겐(프로락틴)
      ㉠ 자궁 평활근 발육 촉진, 수분 보유 유도, 출산 도움, 자궁근 수축(분만 도움)
      ㉡ 칼슘 방출 저해(골다공증 예방)
      ㉢ 프로락틴 방출 억제(모유 분비 억제)
   ② 프로게스테론
      ㉠ 자궁평활근 이완위장관 미완(변비 유발), 나트륨 배설 증가
      ㉡ 지방합성 · 유방 발달 촉진, 자궁 수축 억제(임신 유지)
      ㉢ 프로락틴 방출 억제(모유 분비 억제)

2. **임신기의 영양 섭취**
   ① 임신 중 유선의 성장 · 발달 호르몬 : 프로락틴, 태반락토겐, 에스트로겐, 프로게스테론
   ② 크레틴병, 흡연 : 저체중아 출산 원인(태아 성장 저해)
      ㉠ 철, 비타민 B_6와 엽산 : 권장섭취량 증가
      ㉡ 태반 생성 호르몬 : 에스트로겐, 프로게스테론, 융모성 성선자극호르몬H, 태반락토겐
      ㉢ 비타민 A 과다 섭취 : 사산, 기형, 영구적 학습 장애
   ③ 임신 초기 : 인슐린 민감성 지방 · 글리코겐 합성 촉진
   ④ 임신 말기 : 태아가 당질 우선 사용
   ⑤ 체중 증가량의 30%는 임신 생성물의 70%가 차지 : 모체조직, 체액 증가
   ⑥ 임신 중 전혈액량 20~30% 증가, 전혈장량 45% 증가, 헤마토크릿 · 헤모글로빈 농도 감소 → 혈액 희석 현상 → 임신성 빈혈
   ⑦ 임신 중 인슐린 저항성 증가 → 혈장 포도당 & 인슐린 농도 증가
   ⑧ 추가 필요 영양
      ㉠ 임신부 추가 열량
         • 초기 : 0kcal
         • 중기 : 340 kcal
         • 말기 : 450kcal

ⓒ 단백질 추가량(결핍 시 영양성 부종)
　　　• 초기 : 0g
　　　• 중기 : 15g
　　　• 말기 : 30g
　　ⓒ 철 추가량
　　　• 초기 : 10mg
　　　• 헤모글로빈 수치 11mg/dl 이하 시 빈혈

3. 임신기 영양 관리
　① 요오드 부족 : 크레틴병
　② 비타민 A 부족 : 미숙아 출생
　③ 비타민 D 부족 : 모체 골연화증
　④ 비타민 E 부족 : 적혈구 용혈
　⑤ 비타민 K 부족 : 혈액 응고 지연
　　　※ 철분, 아연 : 추가 권장섭취량 없음
　⑥ 비타민 B_2(리보플라빈) 결핍 : 유산, 조산, 태아 발육 장애
　⑦ 비타민 C : 철분 흡수 도움, 결핍 시 태아 사망 · 유산 · 조산
　⑧ 비타민 B_6 : 구토증과 관련됨
　⑨ 엽산 : 결핍 시 신경관 결손
　⑩ 임신중독증 : 부종, 고혈압, 단백뇨 → 고단백 · 저염식
　⑪ 모유 생성 · 사출 호르몬 : 프로락틴(뇌하수체 전엽), 옥시토신(뇌하수체 후엽)
　⑫ 지방 : 섭취량에 따라 모유 지방산 조성에 영향을 미침(수유부 1일 추가 에너지양 : +340kcal)
　⑬ 모유 : 100ml당 65kcal, 수유부의 비타민 A 섭취 기준은 임신부보다 높음

CHAPTER 02 | 영아기 · 유아기 영양(학령전기)

　① 뇌세포 형성 · 발육 시기 : 생후 1세
　　ⓐ 비타민 K : 결핍 시 신생아 출혈성 질환
　　ⓑ 비타민 E : 용혈성 빈혈 예방(미숙아)
　　ⓒ 비타민 B_{12} : 채식 아이 결정 가능
　② 영아기 : 성장률 최대+태생기 & 사춘기
　③ 신생아 : 임상적(생후 1주일), WHO(생후 4주일)
　④ 모유 : 우유와 지질 함량은 비슷하지만 DHA, 리놀레산, 콜레스테롤 함량이 높고 카제인은 낮음, 유당 · 타우린 많음

※ 모유 에너지 조성비 : 당질:지질:단백질=4:5:1
⑤ 우유 : 모유의 지방 함량과 비슷하지만 단백질 함량은 3배 많음
⑥ 모유의 항감염성 인자
　㉠ 비피더스, 항포도상구균 인자, 프로스타글란딘
　㉡ 면역글로불린 IgA
　㉢ 락토페린 : 철 결합, 세균 증식 억제
　㉣ 라이소자임 : 세포벽 분해
　㉤ 인터페론 : 바이러스 억제 물질
⑦ 4~6개월 영아의 경우 철분보충 필요
⑧ 수분 : 단위 체중당 수분 필요량이 성인보다 높음 → 수분 농축 능력 저하, 체액 부피 감소, 피부·호흡기를 통한 불감성 수분 손실이 많음

> **TIP** kg당 1일 수분 섭취량
> - 0~3개월 : 150ml
> - 6~12개월 : 120~135ml
> - 성인 : 30~40ml

⑨ 초유 : 초유 : 성숙유에 비해 에너지 함량 많음, 무기질·단백질(3배) 함량 많음, 면역글로불린 많음, 노랗고(베타카로틴) 점성이 있음
⑩ 발육상태 평가 : 체중 생후 1년에 출생 시 3배, 신장 생후 4년에 2배
　㉠ 퍼센타일 : 소아(19세) 평가
　㉡ 카우프지수 : 영유아
　㉢ 뢰러지수 : 아동
　㉣ 브로카·체질량지수 : 허리/엉덩이둘레비(성인)

CHAPTER 03 | 학령기·청소년기 영양

① 안드로겐 : 부신피질 분비, 신체 성장·성숙작용호르몬, 근육량 남>여
② 스트레스 : 성적 성숙 지연
③ 청소년기 남자 에너지 1일 필요 측정량 : 2,700kcal
④ 유당불내증 : 칼슘·리보플라빈 보충 → 단백질 철분 섭취
⑤ 섭식장애 : 신경성 식욕 부진증, 신경성 탐식증, 마구먹기 장애 등

CHAPTER 04 | 성인기 · 노인기 영양

① 갱년기 여성의 건강
  ㉠ 폐경으로 인한 에스트로겐 분비 감소
  ㉡ 칼슘 손실로 인한 골다공증
  ㉢ 이소플라본(두부 · 콩) 섭취 시 증상이 완화됨
② 흡연 시 비타민 A, C를 섭취해야 함
③ 대사 증후군 : 공복혈당, 혈압, 허리둘레, 중성지방, HDL – 콜레스테롤 5개 기준 중 3개 이상일 때
④ 노인 : 포도당 내성 저하 및 인슐린 저항성 증가, 위산 분비 감소, 혈당 조절 능력 장점막 위축, 담즙 분비저하

영양 섭취 기준
- 철 : 성인 여자>노인 여자 권장량
- 비타민 D : 성인기<노인기 권장량
- 아연 : 면역 기능 장애 관련
- 알루미늄 : 치매 관련

CHAPTER 05 | 운동과 영양

① 운동 시 : 티아민, 리보플라빈, 니아신 요구량 증가
② 경기 전후 식사 : 고당질 식사
③ 글리코겐 부하법 : 90분 이상의 지구력을 요하는 운동(마라톤, 장거리 수영 등)에 있어서 근육의 글리코겐 저장량을 최대로 하려는 탄수화물 비축 방법
④ 격렬한 운동 : 적혈구 파괴, 철 손실, 철 결핍성 빈혈, 철분 보충
⑤ 운동 시 열량 사용 순서 : ATP → 크레아틴인산 → 글리코겐 · 포도당 → 지방산
⑥ 장시간 운동 : 혈당 저하, 호흡계수 저하, 저칼륨혈증, 혈중 유리지방산 농도 증가

PART 03 | 급식관리

CHAPTER 01 | 급식 개요

1. 급식 유형 및 체제
- ① 운영 형태별 유형
  - ㉠ 직영 : 수익보다 품질 우선, 신속한 원가 통제
  - ㉡ 위탁 : 비용 및 인건비 절감
    - 식단가제 : 단가 기준, 변동성 낮음, 대규모 산업체
    - 관리비제 : 내역 기준, 중소규모 산업체 및 기숙사
- ② 급식시스템 모형
  - ㉠ 기본시스템 : 투입, 변형(변환) 과정, 산출
  - ㉡ 확장시스템 모형 : 기본 시스템에 통제, 기록, 피드백이 추가된 모형
- ③ 급식체계별 유형
  - ㉠ 전통적 급식체계
  - ㉡ 중앙공급식 급식체계
  - ㉢ 조리저장식 급식체계
    - 생산, 소비가 시간적으로 분리됨
    - 조리냉장, 조리-냉동, 수비드
  - ㉣ 조합식 급식체계
    - 저장, 조립, 가열, 배식의 기능만 필요
    - 가공·편의식품의 대량 구입

2. 급식 계획·조직

(1) 급식 경영·관리자
- ① 급식 경영
  - ㉠ 자원요소(6M) : 사람, 원료, 자본, 방법, 기계, 시장
  - ㉡ 경영관리 순환체계
    - PDS 사이클 : 계획(Plan)-실행(Do)-평가(See), 기본적인 기능의 순환성 표현
    - POC 사이클 : 계획화(Planning)-조직화(Organizing)-통제화(Controlling)

② 관리자
　㉠ 급식 경영관리 계층
　　• 상위 · 최고 경영층(전략)
　　• 중간 관리층(관리)
　　• 하급 관리층(업무)

 조직
- 수평적 분화
  - 단위적 분화(지역, 제품, 고객)
  - 직능적 분화(구매, 제조, 판매)
- 수직적 분화 : 최고 경영층, 중간 관리층, 하급 관리층

 급식 시스템
- 급식 경영 개방시스템 : 상호의존에 의한 시너지 효과, 역동적 안정성, 합목적성, 경계의 침투성, 하위시스템의 공유영역, 시스템의 위계질서 존재, 연결 과정
- 경영관리순환 : 계획 → 조직 → 지휘 → 조정 → 통제

　㉡ TQM 관리 계층 : '최고 경영층 → 중간 관리층 → 하위 관리층 → 고객'의 순서로 고객 만족과 더불어 하급 관리층의 위상을 강조한 관리 계층 모형

(2) 급식 계획
　① 종류
　　㉠ 적용기간 : 단기(운영) 계획, 중기(전술) 계획, 장기(전략) 계획
　　㉡ 반복성 : 지속, 특정
　　㉢ 범위 : 전략, 전술, 운영
　② 기법 : 벤치마킹, 스왓(SWOT)분석, 목표관리
　③ 집단 의사 결정
　　㉠ 브레인스토밍
　　㉡ 델파이법 : 설문 실시 → 2차 설문 → 전문가 평가
　　㉢ 노미널집단법
　　㉣ 포커스집단법

(3) 급식 조직

원칙	유형
• 분업(전문화)의 원칙 • 권한 · 책임의 원칙 • 삼면등가의 원칙 : 권한 · 의무 · 책임 • 권한위임의 원칙 • 명령일원화의 원칙 • 감독 범위 적정화의 원칙 • 계층 단축화의 원칙 • 조정의 원칙	• 라인 조직 • 직능식 조직 • 라인 · 스태프 조직 • 스태프 : 조언 담당, 규모가 커질수록 효율 증가 • 팀형 조직 • 프로젝트 조직 • 매트릭스 조직 • 네트워크 조직

CHAPTER 02 | 메뉴 관리

① 섭취량
  ㉠ 평균필요량(Estimated average requirement) : 건강한 사람들이 필요로 하는 하루 필요량의 중앙값. 과학적인 근거가 충분한 경우에 설정
  ㉡ 권장섭취량(Recommended nutrient intake) : 평균필요량에 표준편차 2배를 더하여 정한 값. 대부분의 사람(97~98%)의 영양소 필요량을 충족시키는 섭취량 추정치
  ㉢ 충분섭취량(Adequate Intake) : 섭취를 충족하고 있다고 판단되는 건강한 사람들을 대상으로 해당 영양소의 일상 섭취량을 조사한 다음 섭취량 분포의 중앙값을 구한 값
  ㉣ 상한섭취량(tolerable upper intake level) : 인체 건강에 유해영향이 나타나지 않는 최대 영양소 섭취 수준
② 식사구성안 : 각 식품군 대표식품의 1인 1회 분량 · 섭취 횟수 제시

CHAPTER 03 | 구매 관리

1. 구매
① 유형 : 독립구매, 중앙구매, 공동구매, 일괄위탁구매, JIT(Just In Time)구매
② 구매시장조사 원칙 : 경제성, 적시성, 탄력성, 정확성, 계획성
③ 공급업체 선정
  ㉠ 경쟁입찰계약 : 계약서가 법적효력을 가짐. 정기 구매 시 사용
    • 일반 : 모든 업체에 공고
    • 지명 : 몇몇 업체에 공고
    • 계약서가 법적효력을 가지며, 정기 구매 시 사용

ⓒ 수의견적 : 발주서가 법적효력을 가짐. 비저장품목 수시 구매 시 사용
　　　• 복수견적
　　　• 단일견적
　④ 구매서식
　　㉠ 물품구매명세서 : 구매 필요 물품의 품질 및 특성 기록
　　ⓒ 물품구매청구서 : 2부(구매부서, 구매요구부서)
　　ⓒ 발주서
　　　• 3부씩(공급업자, 구매부서, 회계부서)
　　　• 법적계약성립-대금청구권한
　　ⓔ 납품서 : 거래처에서 가져옴(=송장)

구매서식 순서

구매청구서 → 견적조회서 → 발주서 → 납품전표

　⑤ 적정 발주량
　⑥ 발주방식
　　㉠ 정량 발주방식 : 저가, 수요 예측 불가능, 재고 보유 필수 → 영구 재고조사
　　ⓒ 정기 발주방식 : 고가, 수요 예측 가능 → 실사 재고조사

2. 검수
(1) 검수방법
　① 전수검수법
　　㉠ 전부 검사하는 방법으로 손쉽게 검수할 수 있는 물품이거나 소량의 물품, 고가의 품목에 대해 실시
　　ⓒ 정확한 검수가 가능하나 시간과 경비가 많이 소요됨
　② 발췌검수법
　　㉠ 견본을 뽑아 검사하고 그 결과를 판정기준과 대조하여 합격, 불합격을 결정하는 방법
　　ⓒ 다량 구입품으로 어느 정도 불량품이 혼입되어도 무방한 경우, 검수 항목이 많은 경우, 검수 비용과 시간을 절약해야 할 경우 등에 효과적임

(2) 검수절차
　① 절차 : 배달된 물품과 구매요구서의 대조 → 배달 물품과 납품서의 대조→ 물품의 인수 또는 반환 → 레이블 부착 → 식품 정리·보관 및 저장 장소 이동 → 검수에 관한 기록 기재
　② 배달된 물품과 구매요구서의 대조, 납품서의 대조 및 품질검사
　③ 물품의 인수 또는 반환
　④ 레이블 부착, 식품 정리·보관 및 저장 장소 이동

3. 저장
식재료 저장 원칙 : 품질 보존, 분류 저장, 저장품 위치표식, 선입선출, 공간활용 극대화

4. 재고 관리
(1) 유형
① 영구재고시스템(Perpetual inventory system) : 구매하여 입고되는 물품의 수량과 창고에서 출고되는 수량을 계속적으로 기록하여 적정 재고량 유지
② 실사재고시스템(Physical inventory system) : 주기적으로 창고에 보유하고 있는 물품의 수량과 목록을 기록 영구재고의 정확성을 점검하기 위해 실시

(2) 기법
① ABC 관리방식 : 재고를 물품의 가치도에 따라 A, B, C 세 등급으로 분류(파레토 분석을 이용)하여 차별적으로 관리하는 방식

A형 품목	총 재고량의 10~20%, 재고가의 70~80%, 육류·주류
B형 품목	총 재고량의 20~40%, 재고가의 15~20%, 과일·채소
C형 품목	총 재고량의 40~60%, 재고가의 5~10%, 밀가루·설탕

② 최소-최대 관리방식 : 안전재고량을 유지하면서 재고량이 최소재고량에 이르면 조달될 때까지 사용되는 양을 고려한 적정량을 주문하여 최대한의 재고량을 보유하도록 하는 방식. 실제로 급식소에서 많이 사용됨

(3) 재고자산평가
① 실제구매가법
② 총평균법
③ 선입 선출법 : 물가 상승(재고가 높게 책정되고자 할 때)
④ 후입 선출법 : 물가 하락(세금 혜택을 보기 위해 재무재표 이익을 최소화할 때)
⑤ 최종구매가법 : 가장 많이 사용

(4) 재고회전율 : 총 매출원가(식품비)/평균 재고액
① 표준 이하 : 재고 과잉, 낭비 우려
② 표준 이상 : 재고 부족, 작업자 스트레스 상승

CHAPTER 04 | 생산 및 작업 관리

1. 수요 예측
① 객관적 예측법 : 시계열 분석법(이동평균법, 지수평활법)
② 주관적 예측법 : 정성적 예측 방법, 질적 접근 방법

2. 다량 조리

장점	• 생산량 예측 및 균일한 음식의 질을 유지 • 인건비 감소와 감독이 편리함 • 효율적인 생산 계획 가능
단점	• 표준화 작업에 시간이 소요됨 • 종업원 훈련의 필요성(시간과 비용이 듦) • 종업원들의 부정적인 태도 존재

3. 보관과 배식
① 고려사항
　㉠ 적온 급식 제공 : 뜨거운 음식 57℃ 이상, 차가운 음식 5℃ 이하
　㉡ 1인 분량 조절
　㉢ 검식 · 보존식 : 100g, -18℃ 이하, 144시간 이상
② 서비스 형태 : 셀프 서비스, 트레이 서비스, 테이블 서비스, 카운터 서비스, 카운터 서비스, 카페테이라 서비스 등

> **TIP 병원급식 서비스**
> • 중앙배선 : 운반차(배식량 조절 용이)
> • 병동배선 : 적온급식 용이, 시설비 · 인건비 높음, 식품비 낭비

4. 급식품질 관리
① 생산조절 : 온도 · 시간 관리, 산출량 조절, 배식량 조절, 제품 평가
② 급식품질 평가
　㉠ 메뉴 평가
　　• 양적 평가 : 식수 · 1인 분량
　　• 질적 평가 : 관능 · 잔반
　㉡ 서비스 평가

5. 급식소 작업 관리

① 급식생산성 : 생산성 지표

노동생산성	• 노동시간당 식수=총 식수/총 작업기간 　※ 공동조리(학교)>단독조리(학교)>단일메뉴(산업체)>병원급식 • 1식당 노동시간=총 작업시간/총 식수 　※ 병원식>단일>단독>공동 • 노동시간당 식당량=총 식당량/총 작업기간 • 노동시간당 서빙 수=총 서빙수/총 작업기간
비용생산성	• 1인당 인건비=인건비/총 식수 • 1식당 총비용=총 비용/총 식수

② 작업개선
　㉠ 원칙 : 전문화, 단순화, 기계화, 표준화, 자동화
　㉡ 작업측정 : PT5법, 표준자료법, 시간연구법, 실적기록법, 워크샘플링기법

> **ECRS(작업개선 기본절차)**
> • E : 불필요한 기능 제거
> • C : 중복된 기능 결합
> • R : 업무 순서 재배치
> • S : 노력 · 시간 단순화

CHAPTER 05 | 위생 · 안전 관리

1. 작업 공정별 식재료 위생

(1) 주요원인균
① 살모넬라균 : 가열 조리
② 장염 비브리오 : 가열 조리
③ 황색포도상구균 : 손 청결
④ 감염성 대장균 : 육류 가열, 조리기 청결
⑤ 노로바이러스 : 85℃ 이상 가열하여 살균
⑥ 잠재적 위험식품(PHF)

(2) 공정별 위생관리
① 일반작업구역 : 검수, 전처리, 식재료 저장, 세정 구역
② 청결작업구역 : 조리, 배선, 식기 보관, 식품 절임, 가열처리 구역

2. 급식 관련자 위생 안전 교육 · 관리
① 건강진단 : 1년 1회(학교 6개월 1회)
② 1군 감염병 : 콜레라, 장티푸스, 파라티푸스, 세균성 이질, 장출혈성 대장균 감염증, A형 간염

3. 급식 시설 · 기기 위생 관리
(1) 세척
① 잔류물 확인
  ㉠ 전분 : 0.1N 요오드 용액 → 청색 확인
  ㉡ 지방 : 0.1% 버터옐로우 알코올 용액 → 황색 확인
② 세척제 종류
  ㉠ 1종 세척제 : 채소 · 과일용
  ㉡ 2종 세척제 : 식기용
  ㉢ 3종 세척제 : 조리기구용

(2) 소독
① 자비(열탕) : 식기, 행주
② 건열 소독 : 식기
③ 자외선 소독 : 소도구, 옹기류
④ 화학 소독 : 작업대, 기기, 도마 등

CHAPTER 06 | 시설 · 설비 관리

① 채광 · 조명
  ㉠ 검수대 : 540Lux 이상
  ㉡ 전처리 · 조리실작업대 : 220Lux 이상
  ㉢ 조리실 : 300~400Lux
  ㉣ 배선 : 300Lux 이상
② 그리스 트랩 : 기름기가 많은 오수 제거에 효과적
③ 1인당 사용수량 : 병원급식 > 기숙사 > 공장 > 학교급식

CHAPTER 07 | 원가 및 정보 관리

1. 원가 및 재무 관리
(1) 원가 관리
① 원가 3요소 : 식재료비, 인건비, 경비
② 원가 분류

제품 생산 관련성	• 직접비 • 간접비
생산량 · 비용	• 고정비 • 변동비 • 반변동비(예 인건비)
비용 통제 가능성	• 통제 가능 원가 • 통제 불가능 원가

TIP 직접비와 간접비

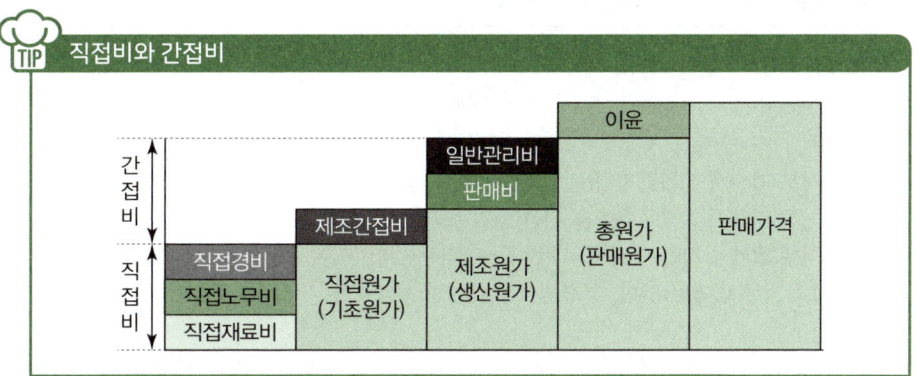

(2) 재무 관리
① 자산 : 부채+자본
② 공헌마진 : 총 매출액 - 총 변동비
③ 손익분기점 : 매출액 - 총비용=0

2. 사무 및 정보 관리
(1) 장부
① 일정 장소에 비치, 동종 기록이 계속적 · 반복적으로 기입
② 고집성 · 집합성
③ 검식부, 급식일지 등

(2) 전표
- ① 업무흐름에 따라 이동
- ② 이동성 · 분리성
- ③ 발주서, 납품서 등

 장부·전표
- 장표＝장부＋전표
- 식품사용일계표 · 식단표 : 장부와 전표의 기능 동시에 지님

CHAPTER 08 | 인적자원 관리

1. 인적자원 확보, 보상, 유지
※ 인적자원관리의 업무적 기능 : 확보, 개방, 보상, 유지
- ① 확보
  - ㉠ 직무 기술서 : 개괄적 정보, 의무 · 책임
  - ㉡ 직무 명세서 : 직무수행을 위한 인적 요건
  - ㉢ 직무 설계 : 직무 단순화, 직무 확대, 직무 순환, 직무 충실화
- ② 보상 : 직무 평가(서열법, 분류법, 점수법, 요소비교법)
- ③ 유지
  - ㉠ 인사고과 방법 : 서열법, 강제할당법, 대조법, 평가척도법, 중요사건기록법, 서술법
  - ㉡ 문제점 : 중심화 경향, 관대화 경향, 평가기준의 차이, 현혹 효과, 논리 오차, 편견
  - ㉢ 인사 이동 : 전직, 승진, 이직, 징계
- ④ 노사관계 관리
  - ㉠ 발전과정 : 전제적 → 온정적 → 근대적 → 민주적
  - ㉡ 노조 가입 방법
    - 클로즈드숍 : 조합원만 고용
    - 오픈숍 : 가입과 무관하게 채용 · 해고
    - 유니언숍 : 고용되는 즉시 가입
  - ㉢ 노조의 기능 : 경제적 기능, 공제적 기능, 정치적 기능

2. 인적자원 개발
- ① 교육 훈련
  - ㉠ 직장 내 훈련 : OJT(On the Job Training) – 기술, 지식, 작업 태도, 작업 관습
  - ㉡ 직장 외 훈련

② 교육 방법
  ㉠ 일반적 방법 : 강의법, 역할연기, 사례법, 세미나법, 컴퓨터학습법
  ㉡ 특수방법 : 경영게임, 서류함기법, TWI(Training with Industry), MTP(Management Training Program)

3. 리더십, 동기부여, 의사소통
① 리더십
  ㉠ 이론 및 특성

특성 이론	리더의 인적 특성 연구로 성공하는 리더는 남과 다른 지적 능력, 성취 욕구, 결단력, 추진력, 성실성, 사회관계성, 인상, 자신감 등을 가지고 있다는 이론
행동 이론	직무 중심 · 종업원 중심 리더십, 무기력 · 팀 · 친목 · 과업 · 중도형
상황 이론	LPC척도(과업지향적<관계지향적)
변형 이론	거래적 · 변혁적 리더

  ㉡ 유형 : 전제형, 자유방임형, 민주형, 온정주의형 리더
② 동기부여

메슬로우 욕구계층 이론	생리적, 안전, 사회적, 존경, 자아실현
허즈버그 2요인 이론	위생 요인, 동기부여 요인
알더퍼티 ERG 이론	생존, 관계, 성장 욕구
맥클리랜드 성취동기 이론	성취, 권력, 친화
브룸 기대 이론	동기 유발을 위한 기대 · 수단 · 가치 필요
아담스 공정성 이론	비교로 인한 공정성으로 동기부여 차이

③ 의사소통 : 공식적 의사소통(상향식, 하향식, 수평적, 대각선), 비공식적 의사소통

CHAPTER 09 | 마케팅 관리

1. 마케팅 관리
※ 서비스의 특성 : 무형성, 비분리성, 이질성, 소멸성

(1) 마케팅
  ① 마케팅 사고의 변천 : 생산 지향적 → 제품 지향적 → 판매 지향적 → 마케팅 지향적(고객만족 극대화) → 사회 지향적(사회복지 관심) → 디지털 마케팅(바이럴, 데이터베이스)
  ② 소비자 구매 행동 의사 결정 과정 : 문제 인식 → 정보 탐색 → 대체안 평가 → 구매 결정 → 구매 후 행동
    ㉠ 시장세분화

ⓛ 표적시장 선정 : 비차별적 마케팅, 차별적 마케팅, 집중적 마케팅
　　　ⓒ 포지셔닝 : 우서 제품으로 마음 속에 새기도록 하는 것
　③ 마케팅 믹스요소(4P) : 제품, 가격, 유통, 촉진(광고, 홍보, 인적판매, 판매촉진 활동)
　　　※ 마케팅 믹스요소(7P) : 제품, 가격, 유통, 촉진, 물리적 증거, 프로세스, 사람

(2) 급식서비스 품질경영
　① 종합적 품질경영의 원칙 : 고객 중심, 공정 개선, 전사적 참여
　② 서비스 품질 GAP 모델

GAP 1	고객 기대 vs 경영자 인식
GAP 2	경영자 인식 vs 서비스 품질 표준
GAP 3	서비스 품질 표준 vs 서비스 전달 수준
GAP 4	서비스 전달 vs 외부 의사소통
GAP 5	고객 기대 vs 서비스 인식

PART 04 식품위생

CHAPTER 01 | 식품위생 관리

1. 개념
(1) 식품 및 식품위생
- ① **식품** : 모든 음식물(의약 섭취 제외)
- ② **식품위생** : 식품, 식품첨가물, 기구 · 용기 · 포장 대상

(2) 위해요소
- ① **내인성** : 원재료 자체 함유(자연독)
- ② **외인성** : 외부 혼입, 이행
    - ㉠ 생물학적
    - ㉡ 화학적 : 의도적, 비의도적(잔류 농약)
    - ㉢ 유기서 : 섭취 후 체내 생성, 가공과정 중 생성

(3) 독성검사
- ① **급성 독성시험**
    - ㉠ 반수치사량(LD_{50}) 사용, 1~2주 관찰
    - ㉡ LD_{50} 값 하락은 독성 상승을 의미
    - ※ 30mg/kg 이하 : 독약, 30~300mg/kg : 극약, 300mg/kg 이상 : 보통약
- ② **아급성 독성시험** : 투여량 LD_{50}의 1/2, 1/4, 1/8
- ③ **만성 독성시험** : 최대무작용량 결정
- ④ **최대 무작용량(MLEL 또는 NOAEL)** : 동물에게 일생 동안 투여해도 아무런 독성을 갖지 않음
- ⑤ **인간의 1일 섭취 허용량** : 최대 무작용량×안전계수×평균 체중

2. 식품과 미생물
(1) 식품 오염지표군
- ① 대장균군
    - ㉠ 그람음성, 무포장간균, 유당 분해, 호기성, 통성혐기성균
    - ㉡ 분변오염지표균
    - ㉢ E.coli0157 : H7 → 베로독소 생성

② 장구균
- ㉠ 그람양성, 무포자, 구균, 통성혐기성균
- ㉡ 냉동, 건조식품의 분변오염지표균

(2) 살균과 소독

살균	미생물의 영양세포 사멸
멸균	미생물 사멸
소독	병원성 미생물을 죽이거나 약화시킴

※ phosphate Test : 우유 저온 살균 검정

① 물리적 소독
- ㉠ 건열 살균, 화염 살균, 열탕 소독, 가열 살균(우유), 증기 소독
- ㉡ 고압 증기 멸균법, 방사선(저온) 살균법
- ㉢ 자외선 살균 : 모든 균종에 효과적이지만 표면만 살균

② 화학적 소독
- ㉠ 요오드 용액(3~6%), 피부
- ㉡ 염소(음용수 0.1~0.2ppm)
- ㉢ 차아염소산나트륨(0.01~1%)
  - 식품부패ㆍ병원균 사멸 : 유효염소농도 4%(락스)
  - 과일, 채소, 용기, 기구, 식기 등에 사용
- ㉣ 역성 비누 : 손소독, 식기ㆍ용기 사용, 일반 비누와 함께 사용할 시 살균력 없음
- ㉤ 에탄올 : 70% 수용액

3. 식품의 변질ㆍ방지
    ① 식품의 변질
        ㉠ 미생물학적 변질
        ㉡ 화학적 변질 : 유지 산패, 식품 변색
    ② 변질 방지 : 가열 살균, 건조(수분 14~15% 이하), 냉장ㆍ냉동, 염장(10%), 당장(50% 이상), 산 저장 훈연, 자외선 조사, 방사선 조사, 가스저장, 밀봉, 발효, 식품첨가물 이용

CHAPTER 02 | 세균성 식중독

1. 식중독
    ① 식중독 지수 : 위험(86~), 경고(71~86), 주의(55~71), 관심(~55)
    ② 부패 지수 : 높음(7~10), 보통(3~7), 낮음(0~3)
    ③ 식중독 발생 시 역학조사 : 환자정보 조사 → 원인식품 추구 → 원인균, 물질 검출

2. 세균성 식중독

감염형	살모넬라, 장염비브리오, 병원성 대장균, 제주니, 여시니아, 리스테리아
독소형	황색포도상구균, C.보툴리눔, 바실러스 세레우스(구토형)
감염독소형	C.퍼프린젠스, 바실러스 세레우스(설사형)

(1) 감염형 식중독

① 살모넬라
  ㉠ 그람음성, 무포자, 간균, 통성혐기성, 주모성 편포
  ㉡ 잠복기 : 12~24시간
  ㉢ 급격한 발열
  ㉣ 예방 : 60℃에서 20분간 살균

② 장염비브리오
  ㉠ 그람음성, 무포자, 간균, 단극모, 통성혐기성, 호염균(2~4% 농도, 해수세균)
  ㉡ 생선회, 초밥에서 발생(충분한 가열 필요)
  ㉢ 카나가와 현상(적혈구 용혈)

③ 병원성 대장균 : 그람음성, 무포자, 간균, 주모성편모, 유당 분해가스 생성, 호기성·통성혐기성

장출혈성(EHEC)	베로 독소 생산, 소량 감염 가능, 용혈성 요독증후군, E.coli O157 : H7
장관독소원성(ETEC)	• 여행자 설사 • 이열성 독소(6℃, 10분 불활성) • 내열성 독소(100℃, 30분 활성)
장관침입성(EIEC)	대장 점막 상피세포에 침입 → 이질 유사 증사
장관병원성(EPEC)	신생아·유아 급성 위장염

④ 캠필로박터
  ㉠ 그람음성, 무포자, 나선균, 긴극모, 미호기성
  ㉡ 미량균 발병 가능
  ㉢ 잠복기가 가장 길고, 세대 시간 또한 긴 것이 특징(45~60분)
  ㉣ 잠복기 : 평균 2~3일
  ㉤ 오염식수, 우유, 닭 등에서 발생

⑤ 여시니아
  ㉠ 그람음성, 무포자, 간균, 통성혐기성
  ㉡ 저온 증식 가능, 동결에 오래 생존
  ㉢ 세대 시간 : 40~45분
  ㉣ 패혈증, 회장말단염, 충수염, 관절염 유발
  ㉤ 돼지, 우유 등에서 발생

⑥ 리스테이라
- ㉠ 그람양성, 무포자, 간균, 주모성 편모, 통성혐기성
- ㉡ 냉동에서 생존
- ㉢ 1,000개 이하의 균 발병 가능
- ㉣ 잠복기 : 2일~3주, 치사율 : 30~40%
- ㉤ 임산부 유산, 조산 유발

(2) 독소형 식중독
① 황색포도상구균
- ㉠ 그람양성, 구균, 무포자, 통성혐기성
- ㉡ 예방 : 10℃ 냉장 보관
- ㉢ 내열성 장독소 생성 → 가열하여도 식중독 발생 가능
- ㉣ 유방염이 걸린 소, 사람의 손에서 발생
- ㉤ 잠복기 : 1~6시간

② 클로스트리듐 보툴리늄균
- ㉠ 그람양성, 간균, 내열성 포자, 편성혐기성, 주모성 편모
- ㉡ 살균이 불충분한 통조림, 소시지, 벌꿀 등에서 발생
- ㉢ 신경독 생성(신경독＋무독성＝복합단백질)
- ㉣ 치사율 : 40%
- ㉤ 단백질 분해효소, 위산 분해 ×
- ㉥ 아세틸콜린 분해균 억제

③ 바실러스 세레우스균
- ㉠ 그람양성, 간균, 내열성 포자, 통성혐기성, 주모성 편모
- ㉡ 장독소 생성
- ㉢ 설사독, 구토독(내열성 포자)

(3) 감염독소형 식중독(클로스트리듐 퍼프리젠스균)
① 그람양성, 간균, 내열성 포자, 편성혐기성, 생체 내 독소형
② 포자형성 중 독소 생성(독소 : 단순단백질)
③ 단백질성 식품
④ 복통, 설사 유발

(4) 기타
① 알레르기성 : 히스타민 생성, 알레르기 유발, 붉은 살 생선 및 가공품에 의한 감염, 전신 홍조 · 발진
② 비브리오 패혈증 : 호염성 해수세균, 어패류에 의한 감염
③ 사카자키 : 조제분유 등 영유아 식품에 의한 감염, 영유아 수막염 · 괴사성장염 · 패혈증 유발

3. 바이러스성 식중독
① 특징 : 적은 양(1~100개)으로 감염 가능, 사람 간의 2차 감염 가능
② 예방 : 85℃에서 1분간 가열, 에탈올 분무
③ 종류
- ㉠ 노로바이러스
  - 겨울철 가열되지 않은 어패류 · 식품에서 발생
  - 예방 : 손씻기, 60℃에서 30분간 가열, 염소 소독 사멸
- ㉡ 로타바이러스 : 유아 급성 설사증, 가열되지 않은 샐러드 · 과일에서 발생
- ㉢ 아데노바이러스 : 분변-구강 경로를 통해 감염, 해산물 생식

CHAPTER 03 | 화학물질에 의한 식중독

1. 화학적 식중독
(1) 농약
① 유기인제 : 급성, 잔류성 감소
② 유기염소제 : 만성중독, 잔류성 증가
③ 카바마이트제 : 콜린에스테라아제 작용 억제
④ 유기불소제, 유기수은제, 비소제

(2) 항생 물질 · 합성 향균제
급성 독성, 알레르기 발현, 항생 물질 내성균 출현 등의 문제점

(3) 유해 중금속

수은	미나마타병
납	빈혈, 뼈 침착, 통조림, 도자기
비소	조제 분유 사건(산분해 간장의 가수분해제에 흡입되어 발생), 색소침착 등의 피부 장해
카드뮴	이타이이타이병, 만성 신장독성
안티몬, 크롬	비중격천공
구리	조리 용구의 구리 녹, 간의 색소침착
아연	아연 도금 용기에 산성 식품 보관 시 용출
주석	과일 통조림

(4) 음식용 기구 · 용기 · 표장재 용출 유독성분

금속류	흠집, 산성식품의 접촉으로 용출 가능
도자기	산성식품 접촉으로 용출 가능(납)
법랑	안티몬
유리	산성 액체 장시간 접촉 시 염기성분 용출
테플론	300℃ 이상 가열 시 헥타플루오로에탄 생성
합성 수지	폼알데하이드 용출, 프탈산에스테르 생성
불소 수지	맹독성 유기불소화합물 연기 발생

2. 자연독

(1) 동물성

① 복어독
   ㉠ 테트로도톡신(청색증), 신경계, 마비독, 맹독성
   ㉡ 알 – 난소 – 간 – 내장 – 껍질 순으로 함유
   ㉢ 1,000MU 이상 섭취 시 지각 이상, 운동 장애
   ㉣ 운동 근육 마비(걷기가 곤란해짐), 언어장애 → 청색증 → 사망

② 조개류
   ㉠ 마비성 조개 중독
      • 섭조개, 홍합, 가리비, 굴
      • 삭시톡신(3,000MU), 적조독, 신경마비독
      • 알칼리에서는 가열로 쉽게 파괴
   ㉡ 베네루핀 중독
      • 모시조개, 바지락, 굴
      • 베네루핀, 간장독, 내열성(가열하여도 독성이 남음)
   ㉢ 설사성 조개 중독

③ 권패류
   ㉠ 테트라민 중독 : 명주 매물고둥
   ㉡ 수랑 중독 : 수루가톡신, 네오수루가톡신, 프로수루가톡신

④ 시구아테라
   ㉠ 시구아톡신, 내열성
   ㉡ 온도 감각 이상

⑤ 돗돔

(2) 식물성
- ① 독버섯
  - ⊙ 아마니타톡신 : 알광대버섯, 흰알광대버섯
  - ⓒ 무스카린
    - 땀버섯, 광대버섯
    - 부교감신경, 중추신경 장애 : 맹독성(부교감신경에 작용)
  - ⓒ 무스카리딘, 콜린, 뉴린, 팔린
  - ⓔ 독버섯 중독 증상 : 위장염, 콜레라, 중추신경 증상, 뇌증상, 혈액독 증상
- ② 유독 식물

감자	솔라닌(콜린에스테라아제 작용 저해), 셉신
콩류	파세오루나틴(청산 배당체)
면실류	고시폴
청매	아미그달린(청산 배당체)
피마자	리신, 리시닌
수수	듀린(청산 배당체)
독미나리	시큐톡신
독보리	테물린(알칼로이드)

3. 곰팡이독

(1) 정의

- ① 원인 식품 : 탄수화물성 식품
  - ⊙ *Aspergillus*, *Penicillium* : 봄~여름철, 고온다습한 지역에서 발생
  - ⓒ *Fusarium* : 봄, 가을~겨울철, 추운 지역에서 발생
- ② 종류
  - ⊙ 간장독 : 아플라톡식, 루브라톡신
  - ⓒ 신경독 : 파툴린
  - ⓒ 신장독 : 시트리닌

> **TIP 곰팡이 중독증**
> - 곰팡이가 생산하는 독소를 경구적으로 섭취하여 발생하는 질병
> - 탄수화물 섭취 관련
> - 만성 중독

(2) 분류
　① *Aspergillus* 속(*flavus, parasiticus*)
　　㉠ 아플라톡신 : 간장독, 발암성, 재래식 메주 생성 가능
　　㉡ 오크라톡신, 스테리그마톡신, 말토리진
　② *Penicillium* 속
　　㉠ 황변미
　　　• 시트레오비리딘(Toxicarium 황변미) : 신경독
　　　• 루테오스키린(Island 황변미) : 간장독
　　　• 시트리닌(Thai 황변미) : 신장독
　　㉡ 파툴린 : 신경독, 출혈성 폐부종
　　㉢ 루브라톡신 : 간장독
　③ *Fusarium* 속 : 에르고타민, 에르고톡신(호밀, 구리, 보리, 맥각독), 에르고메트린 → 유독 알칼로이드

4. 식품첨가물
　① 유해 착색료 : 로다민 B
　② 유해 표백제 : 롱갈리트
　③ 유해 보존료 : 붕산, 폼알데하이드(무색가체)
　④ 유해 감미료 : 둘신

CHAPTER 04 | 감염병, 위생 동물 및 기생충

1. 경구 · 인축공통감염병
(1) 법정감염병

제1급감염병	에볼라바이러스병, 마버그병, 두창, 페스트, 탄저, 야토병 등
제2급감염병	결핵, 수두, 홍역, 콜레라, 장티푸스, A형간염 등
제3급감염병	파상풍, 일본뇌염, B형간염, 말라리아 등
제4급감염병	인플루엔자, 매독, 회충증, 현충증 등

(2) 경구감염병(면역성, 2차 감염, 미량균)
　① 분류

세균성	콜레라, 장티푸스, 파라티푸스, 세균성 이질, 파상풍
바이러스	폴리오, A형간염
리케차	Q열
원생동물	아메바성 이질

② 세균성 경구감염병
　㉠ 세균성 이질 : 2~7일 잠복, 급성대장염, 고열
　㉡ 장티푸스(Salmonella typhi) : 7~20일 잠복, 고열
　㉢ 파라티푸스 : 우유, 조개, 물에서 감염, 1~3주 잠복, 고열
　㉣ 콜레라 : 오염된 물에서 감염
　㉤ 디프테리아 : 오염된 음식물에서 감염, 2~5일 잠복
　㉥ 성홍열 : 우유에서 감염
③ 바이러스성 경구감염병
　㉠ 폴리오
　㉡ 전염성 설사
　㉢ 유행성 간염

A형	2~6주 잠복, 오염된 물·음식물을 통한 급성 간염
B형	1~6개월 잠복, A형보다 간 손상 심함, 수직 감염(모 → 자)
C형	수혈 원인

(3) 인축공동감염병
① 결핵 : 우유 원인
② 탄저 : 장탄저, 피부탄저, 폐탄저
③ 파상열 : 유산염증(동물), 유즙·유제품·고기 원인, 경피 감염
④ 야토병 : 산토끼 원인
⑤ 돈단독 : 병든 돼지 취급 시
⑥ Q열 : 리케차성, 병든 동물, 우유·배설물 원인
⑦ 리스테리아증
⑧ 렙토스피라증

2. 위생 동물과 기생충
(1) 위생 동물
① 파리, 쥐 : 페스트, 유행성 출혈열
② 바퀴 : 독일바퀴(불완전변태)가 가장 흔함
③ 진드기
　㉠ 긴털가루 진드기가 가장 흔함(곡류)
　㉡ 설탕진드기 : 조제설탕, 건조과일, 된장 표면

(2) 채소류를 통한 기생충
① 중간숙주 없음
② 종류
　㉠ 회충 : 채소·토양으로 경구 감염
　㉡ 편충 : 경구 감염, 긴 채찍모양(성충)

ⓒ 요충 : 어린이 집단 감염, 항문 근처에서 산란
  ⓔ 십이지장충(구충), 채독증 원인, 경구·경피감염, 채소나 흙에서 감염
  ⓜ 동양모양성충 : 경구·경피감염

(3) 어패류를 통한 기생충
  ① 중간숙주 있음
  ② 종류
    ㉠ 간 디스토마 : 왜우렁이 → 붕어, 잉어, 피라미 → 사람
    ㉡ 폐 디스토마 : 다슬기 → 게, 가재 → 사람
    ㉢ 요코가와흡충 : 다슬기 → 잉어, 은어(담수어) → 사람(소장)
    ㉣ 광절열두조충(긴촌충) : 물벼룩 → 연어, 송어, 숭어, 농어(반담수어) → 사람
    ㉤ 아니사키스(고래회충) : 크릴새우 → 고등어, 청어, 대구, 갈치(해산어류) → 고래
    ㉥ 유극악구충 : 물벼룩 → 미꾸라기, 메기 → 개, 고양이
    ㉦ 스파르가눔 : 물벼룩 → 개구리 → 개, 고양이

(4) 육류를 통한 기생충
  ① 중간숙주 1개 있음
  ② 종류
    ㉠ 소 : 무구조충
    ㉡ 돼지 : 유구조충, 톡소플라스마(임산부 유산)

> **TIP 감염 경로**
> - 선모충 : 쥐 → 돼지
> - 유모유충 → 포자낭유충 → 레디유충 → 유미유충 → 피낭유충(사람)

CHAPTER 05 | 식품안전관리인증기준(HACCP)

1. HACCP 적용 순서(7원칙 12단계)
  ① HACCP 팀 구성
  ② 제품설명서 작성
  ③ 용도 확인
  ④ 공정흐름도 작성
  ⑤ 공정흐름도 현장 확인
  ⑥ 위해요소분석(원칙 1)

⑦ 중요관리점(CCP)(원칙 2)
⑧ CCP 한계기준 설정(원칙 3)
⑨ CCP 모니터링 체계 확립(원칙 4)
⑩ 개선조치 설정(원칙 5)
⑪ 검증방법 설정(원칙 6)
⑫ 기록유지 및 문서화(원칙 7)

2. 기타 사항

① 지방식품의약품안전청장이 HACCP 준수 여부를 연 1회 이상 조사·평가함
② HACCP 적용업소의 HACCP 팀장, 팀원 및 기타 종업원은 연 1회 4시간 이내의 정기 교육 훈련을 받아야 함
③ **지정된 HACCP 적용업소의 지원** : HACCP 관련 전문적 기술과 교육, 시설 설비 개보수 비용, 자문 비용, 교육 훈련 비용
④ **GMP** : 시설·위생·공정에 관한 적정 제조 기준(선행요건프로그램)
⑤ **위험온도대 기준** : 4시간
⑥ **식육가공품** : HACCP 가장 먼저 적용

PART 05 식품위생법규

1. **국회** : 위생법 의결 기관

2. **판매금지 위반업자 영업허가** : 5년 후

3. **식품의약안전처장**
   ① 식품 · 식품첨가물 기준(가공 · 조리 · 보존) · 규격(식품의 성분) 고시
   ② 기구 · 용기 · 포장 제조 방법 기준 고시
   ③ 조리사 · 영양사에게 교육받을 것을 명령
   ④ 식품공전 작성 · 보급
   ⑤ 식품안전 관리인증기준

4. **위생교육시간(안 받으면 500만원 이하의 과태료)**
   ① 식품 제조 · 가공, 첨가물 제조 : 8시간
   ② 식품 소분 판매 · 보존 · 포장제조 : 4시간
   ③ 식품접객업 : 6시간
   ④ 집단급식 설치 · 운영하려는 자 : 6시간

5. **보수교육**
   ① 기간 : 2년마다 실시
   ② 교육시간 : 6시간

6. **집단급식 위생 위반**
   ① 1차 : 영업정지 15일
   ② 2차 : 영업정지 1개월
   ③ 3차 : 영업정지 3개월

7. **벌칙**
   ① 가금인플루엔자 제조식품판매 : 3년 이상의 징역, 소매가 2~5배 벌금
   ② 허가되지 않은 영업 : 10년 이하의 징역 또는 1억원 이하의 벌금
   ③ 리스테리아 고기 판매 : 10년 이하의 징역 또는 1억원 이하의 벌금
   ④ 조리사를 두지 않은 식당운영자 : 3년 이하의 징역 또는 3천만원 이하의 벌금
   ⑤ 영업자가 지켜야 할 사항을 지키지 않는 자 : 3년 이하의 징역 또는 3천만원 이하의 벌금
   ⑥ 시설기준위반 : 3년 이하의 징역 또는 3천만원 이하의 벌금

8. 학교급식법
① 학교급식에 관한 경비 : 식품비, 급식운영비, 급식시설·설비비
② 학교급식에 관한 설비·시설 : 조리장, 식품보관실, 급식관리실, 편의시설
③ 학교급식에 관한 농수산물 원산지 표시 거짓 : 7년 이하의 징역 또는 1억원 이하의 벌금
④ 학교급식에 관한 축산물 등급 거짓 : 5년 이하의 징역 또는 5천만원 이하의 벌금
⑤ 학교급식에 관한 표준규격품, 수산물 품질인증 거짓 : 3년 이하의 징역 또는 3천만원 이하의 벌금

9. 국민영양조사
① 보건복지부장관이 매년 실시
② 건강상태조사, 식품섭취조사, 식생활조사

10. 영양사가 위생관련 중대사고 책임이 있는 경우
① 1차 : 면허정지 1개월
② 2차 : 면허정지 2개월
③ 3차 : 면허 취소

11. 원산지표시법
① 국내산(국산)/외국산 구분
② 닭·오리 1개월 이상, 소 6개월 이상 사육 시 출생국가 표시 후 국산 표기
③ 쌀은 국내산 또는 외국산일 경우 국가명 표기

12. 표시·광고 심의 필요 식품
① 특수용도식품
② 건강기능식품

MEMO